新雅‧知識館

世界奇趣節慶②

鄧子健 圖／文

新雅文化事業有限公司
www.sunya.com.hk

新雅・知識館

世界奇趣節慶 ②

圖　　　文：鄧子健
責任編輯：周詩韵
美術設計：李成宇
出　　　版：新雅文化事業有限公司
　　　　　　香港英皇道499號北角工業大廈18樓
　　　　　　電話：(852) 2138 7998
　　　　　　傳真：(852) 2597 4003
　　　　　　網址：http://www.sunya.com.hk
　　　　　　電郵：marketing@sunya.com.hk
發　　　行：香港聯合書刊物流有限公司
　　　　　　香港新界大埔汀麗路36號中華商務印刷大廈3字樓
　　　　　　電話：(852) 2150 2100
　　　　　　傳真：(852) 2407 3062
　　　　　　電郵：info@suplogistics.com.hk
印　　　刷：中華商務彩色印刷有限公司
　　　　　　香港新界大埔汀麗路36號
版　　　次：二〇一七年六月初版

ISBN: 978-962-08-6844-3
© 2017 Sun Ya Publications (HK) Ltd.
18/F, North Point Industrial Building, 499 King's Road, Hong Kong
Published and printed in Hong Kong

目錄

世界節慶地圖

北美洲

南美洲

小朋友，這本書將帶你
認識用紅色字標示的 6 個節慶，
如果你想認識其餘 6 個節慶，
請看看《世界奇趣節慶①》吧！

意大利威尼斯
面具嘉年華

法國尼斯
嘉年華

突尼西亞杜茲
撒哈拉節

墨西哥
亡靈節

巴西里約
嘉年華

歐洲

亞洲

中國哈爾濱
冰雪節

埃及
聞風節

日本青森
睡魔祭

非洲

香港

台灣平溪
天燈節

印度
五彩節

泰國
潑水節

大洋洲

澳洲珀斯
藝術節

南極洲

台灣平溪天燈節

台灣平溪

台灣是亞洲東部的一個島，而平溪位於台灣島北部，區內特別多山，雨量也很多。平溪老街、附近的十分瀑布和十分老街是當地的著名景點。

平溪特產

珠蔥是紅蔥頭長出來的莖，當地人會把珠蔥融入麵粉中，製成餅乾、燒餅及蛋捲等食品。

平溪

十分瀑布

台灣最大的簾幕式瀑布。

阿美族

台灣居住了多個原住民族羣，人口最多的便是阿美族。

天燈是什麼？

天燈又叫做孔明燈，傳說是三國時期諸葛亮（又叫諸葛孔明）發明的。在天燈內點火，它便會升上天空。起初是用來傳遞軍事信息，現在多數用來祈福許願。它被認為是熱氣球的始祖。

天燈節的由來

台灣早期是農業社會，元宵節後人們便開始春耕，所以當地人會在元宵節施放天燈，天燈上寫上豐收、添丁（生兒子）等願望，祈求天燈升上天後，上天會看到他們的願望並賜福他們。這活動慢慢延續下來就變成平溪一帶的元宵節習俗了。

天燈節的日期

每年的元宵節，即農曆 1 月 15 日。

天燈的製作方法

底部骨架

　　首先用竹篾圍成圓形，接口位用膠帶綑緊，再用鐵絲十字交錯紮在圓圈內，鐵絲上放置用油浸泡過的紙，施放天燈時用來點燃。

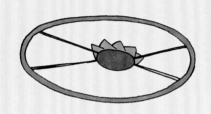

天燈燈體

　　把宣紙剪裁成多塊適合的形狀，黏貼成立體的天燈。最後在它的底部黏上骨架。

施放天燈

　　先將未撐開的天燈掛在架上，施放者用毛筆寫上祝福語句，再簽上施放者的姓名。

　　由於天燈體積較大，通常由三人或以上一起施放。施放者提起燈頂四角撐開天燈，一人點燃底部的油紙，當天燈內充滿熱空氣時，天燈便會升起。

除了在天燈節，平日遊客也會來平溪體驗放天燈。平溪老街是放天燈最熱門的地點，這裏最大特色是火車的路軌與兩旁的商店十分貼近。由於街道比較狹窄，人們都會在路軌上施放天燈。當火車駛來便會響號，鐵路職員也會提醒大家遠離路軌。

天燈節的晚上，成千上萬的天燈同時施放，
平溪上空全是火光熊熊的天燈，場面壯觀。

18

日本青森睡魔祭

日本青森

日本是亞洲國家，而青森縣位於日本本州島最北面的地方。青森縣農業、畜牧業發達，有許多自然風光景點。

日本的代表地標

富士山是日本的最高峯，也是民族的象徵。它是一座睡火山，但隨時也會有爆發的危機。

青森的吉祥物

名字叫 Ikube，負責推廣青森縣的觀光旅遊。

青森縣

傳統服飾

在現代，日本人會於傳統節日、婚宴、表演傳統藝能等的時候穿着和服。

青森特產

青森縣是著名的蘋果產地，產量是日本第一。青森蘋果清甜多汁，還會用來製成不同的產品，例如蘋果汁。

睡魔祭的由來

傳說在炎夏時，喜歡令人昏昏欲睡的惡魔——睡魔會令農夫產生睡意，影響工作，村民為了驅除睡魔所帶來的禍害，便舉行睡魔祭儀式來驅走惡魔。

祭典據說是由中國的「七夕祭典」，融合當地的習俗轉變而來。初時是把水燈放進水中流走，象徵不好的東西也隨水燈而離開。後來變成以紙、竹、蠟燭等做成有着獨特風格的燈籠，並進行巡遊。

由於以前燈籠中使用的是燭火，所以睡魔祭也被稱為火之祭典。

青森睡魔祭
的日期

每年 8 月 2 日至
8 月 7 日。

青森睡魔祭在 1980 年被
日本列為重要民俗文化財產。

23

睡魔燈籠遊行

青森睡魔祭是日本具有代表性的祭典之一，祭典中會有超過 20 座的大型睡魔燈籠參與遊行。燈籠體積龐大，重約 4 噸，需要由數十個壯男推動。巨型燈籠會在持扇人指揮下，伴隨着節奏激昂的太鼓、木笛等樂聲移動。

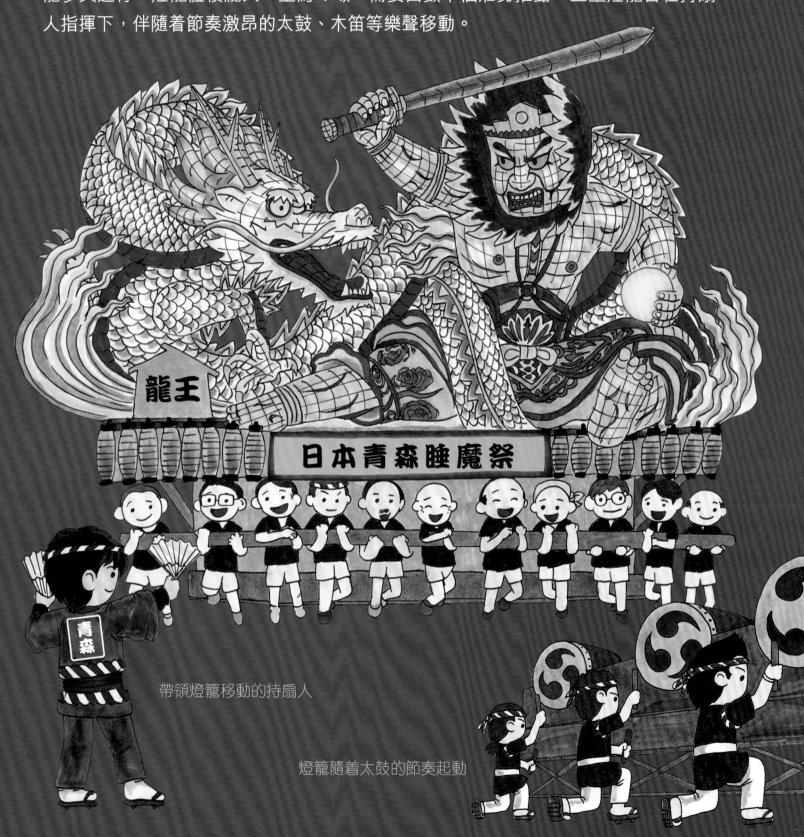

龍王

日本青森睡魔祭

帶領燈籠移動的持扇人

燈籠隨着太鼓的節奏起動

睡魔祭的燈籠

　　每一座大型的燈籠都是由木材、鐵絲製成骨架，骨架上黏紙，再由繪師在上面以毛筆畫上人物五官和圖案。燈籠以歌舞伎（日本的一種傳統表演藝術）、傳說神話或歷史人物為題材來製作，每年睡魔祭都會製作全新的睡魔燈籠。

燈籠內部結構

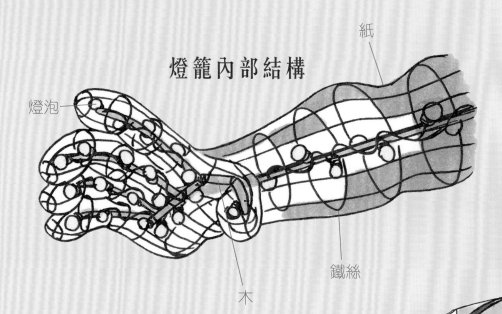

紙

燈泡

鐵絲

木

　　除了青森睡魔祭，弦前睡魔祭和五所川原睡魔祭也是青森縣很具規模的睡魔祭典。這些睡魔祭中巡遊的燈籠各有特色，弦前睡魔祭的是扇形燈籠，而五所川原睡魔祭的則是高高的直立式燈籠。

睡魔祭的跳人

　　每座巨型燈籠的四周都有許多一邊叫口號，一邊跳舞的人，稱為跳人。上千名跳人身穿五彩傳統服裝，戴上色彩鮮豔的花笠頭飾，在街上跟隨着燈籠和音樂跳動，場面熱鬧。

花火大會

　　每屆青森睡魔祭最後一天的晚上都會舉行花火大會。這時，睡魔祭的巨型燈籠會被載上船，到海上巡遊，稱為「海上運行」。這是青森縣內最大規模的煙火大會。

巴西里約嘉年華

巴西 里約熱內盧

巴西位於南美洲，國土面積是世界第五大，國內有廣闊的農田和熱帶雨林。它曾經是葡萄牙的殖民地。里約熱內盧，簡稱里約，是巴西第二大城市，位於巴西東南部。

巨型基督像

位於里約熱內盧的科科瓦多山頂，2007 年入選世界新七大奇跡。

足球

巴西人熱愛足球，巴西亦曾五次奪取世界盃冠軍，因而有「足球王國」的稱號。

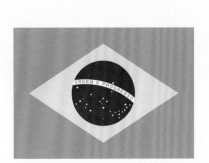

里約熱內盧

亞馬遜熱帶雨林

全球最大的熱帶雨林，其中大半面積在巴西的境內。

巴西特產

熱帶水果

咖啡豆

寶石

30

里約嘉年華的由來

嘉年華的習俗，傳說是源自古羅馬人與古希臘人慶祝春天來臨的慶典，當時人們會到街上跳舞慶祝。後來這習俗演變成基督徒齋期前的狂歡活動。

嘉年華是英文「Carnival」的音譯，這英文源於拉丁文「Carnem levare」，即「和肉告別」的意思。基督教*在復活節前有一個為期四十天的齋期（四旬期），期間要節制飲食和享樂，於是人們便在齋期前舉行盛大的宴會和遊行，盡情地吃喝玩樂。

嘉年華本來是信奉基督教的歐洲國家的節慶，後來葡萄牙殖民統治巴西，將嘉年華的習俗帶到巴西。里約嘉年華是巴西最盛大的嘉年華會。

里約嘉年華的日期

在基督教齋期（四旬期）之前，由於齋期是根據基督教年曆計算，所以每年里約嘉年華的日期都不固定，大約在每年的 2、3 月，為期約五天。

*基督教：指信仰耶穌基督為神的宗教。它分為天主教、東正教和新教三大宗派。

里約嘉年華的特色活動

嘉年華傳入巴西後，融入了許多當地的元素，成為巴西嘉年華的特色。

森巴花車巡遊

里約嘉年華的重頭戲就是由森巴舞隊伍組成的花車巡遊。巴西各地頂尖的森巴學校都會派員組隊參加，花車設計、歌曲、舞蹈等都由參加者一手包辦，各隊都會花盡心思，希望贏得大獎。

莫莫王接管城市

莫莫王是「嘉年華之王」，他象徵着歡樂。每年都會從市民中選出一位莫莫王扮演者，在里約嘉年華開幕時，市長會把象徵里約市管理權的金鑰匙交給莫莫王，代表全城市民可以盡情狂歡。

森巴舞

　　早年，巴西當地有大量來自非洲的黑奴。奴隸制度廢除後，黑人積極參與嘉年華活動，令巴西的嘉年華融入了非洲傳統音樂和舞蹈，其中森巴舞更成為它的最大特色。

　　森巴舞源於非洲，隨黑人奴隸傳入巴西之後，融合了葡萄牙、印第安的舞蹈，形成富有動感、歡樂熱情的舞步，也成為了巴西的國粹。

森巴舞者的服飾裝扮

頭上戴着高高的羽毛冠

背上插滿羽毛，像孔雀開屏

化上豔麗的彩妝

穿着華麗的舞衣

掛在身上的飾物會隨舞步搖擺

腳上穿高跟涼鞋或長靴

33

一座座有着不同主題的大型花車，配合服裝華麗的森巴舞團在森巴大道上巡遊。參與的森巴舞演員人數十分多，可説是世界之最。

法國尼斯嘉年華

法國尼斯

法國是歐洲國家之一，也是西方重要的藝術文化搖籃。尼斯是法國第五大城市，位於法國南部港口，是地中海沿岸的主要旅遊中心。

法國特產

法國美食舉世聞名，生蠔、田螺、芝士、巧克力、馬卡龍和葡萄酒等都是法國最著名的美食。

尼斯的藝術文化

尼斯有大量的美術館，也有很多頂尖的藝術大師曾在這裏居住，例如著名畫家馬蒂斯。

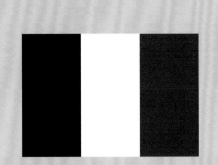

尼斯
●

盎格魯街

尼斯著名的海濱步行大道，許多大型活動都會在此舉行。

尼斯嘉年華的由來

　　尼斯嘉年華和巴西里約嘉年華、意大利威尼斯面具嘉年華一同被譽為「世界三大嘉年華」。

　　這些嘉年華的由來都相同，都是源於基督徒在復活節前進入為期四十天的齋期（四旬期），期間要節制飲食和享樂，所以人們便在齋期到來前盡情地吃喝玩樂。尼斯嘉年華最早有紀錄是在 1294 年，當時只是宮廷貴族參與的慶祝活動，後來才漸漸在民間流行起來。

尼斯嘉年華的日期

　　在基督教齋期（四旬期）之前，日期並不固定，一般在 2 月份。節慶活動為期約兩星期。

39

尼斯嘉年華的活動

　　每屆尼斯嘉年華都會設定不同的主題，舉行巡遊表演、化裝舞會、搖滾音樂會等各種娛樂活動，城內變得活力四射，每年都吸引來自世界各地近一百多萬名遊客前來參加這個盛典。

小丑是尼斯嘉年華的代表角色之一，每年都會有很多表演者扮演。

花車遊行

　　各種花車會在城內巡遊，有的花車會表現節慶主題，有的是有趣搞笑的。一些街頭表演團體或音樂表演團體會和花車一同遊行。參與遊行的表演者還會有各種裝扮造型。

參加節慶的人都會有特別
扮相,有些會戴上面具,
有些會角色扮演。

擲花大戰

這是尼斯嘉年華其中一個最特別
的項目,花車上的美女會將插在車上
的鮮花全部拔下來擲向觀眾,而觀眾
則會爭奪這些鮮花,因為接到花代表
接到好運。

到了晚上，除了有夜間花車巡遊外，還有絢麗的煙花表演。

突尼西亞 杜茲

突尼西亞是非洲北部國家，國土南部是撒哈拉沙漠。杜茲是最靠近撒哈拉沙漠的綠洲城市，有「撒哈拉的門戶」之稱。「撒哈拉」是阿拉伯語，意思是沙漠，撒哈拉沙漠是世界最大和最熱的沙漠，面積橫跨 12 個非洲國家。

傳統交通工具
人們主要以駱駝和馬匹往來撒哈拉沙漠。

傳統服飾
人們會包頭巾或戴面紗，以防吸入沙塵。

杜茲

撒哈拉沙漠的動物

蠍子

蛇

蜥蜴

跳鼠

撒哈拉節的由來

節日源於撒哈拉遊牧部落的駱駝節，最早是在 1910 年於杜茲鎮舉辦，當時只有賽駱駝等簡單的活動。經過多年的發展，越來越多其他部落及國家的人前來參與，規模變得越來越大。1981 年，突尼西亞政府將這節日改名為「杜茲國際撒哈拉節」，希望通過這節日向世界展示撒哈拉遊牧部落的傳統文化。

撒哈拉節的日期

一般在每年 12 月底，日期不固定，為期四天。

撒哈拉節的活動

遊行表演

上百個身穿傳統服裝和盔甲的阿拉伯壯士，騎着戰馬，配上長槍或利劍，在前方開路；後面跟隨着陣容龐大的駱駝隊，隊伍四周的表演者穿着豔麗多彩的民族服裝，表演着傳統舞蹈和樂器，場面壯觀熱鬧。

賽駱駝、賽馬

駱駝、馬匹競賽是節日的重要活動。賽道會經過崎嶇不平的沙漠、綠洲等，十分艱難刺激。

鬥駱駝

由兩隻受過訓練的公駱駝進行格鬥，但為免牠們受傷，在快要分出勝負時，主人便會把牠們拉開，點到即止。

其他活動

除了比賽外，還有傳統婚禮儀式表演、詩歌朗誦、傳統工藝品展覽等項目，遊客也可以參觀遊牧民族在周邊搭建的帳篷，品嘗傳統美食，多角度了解和體驗遊牧部落的文化和生活。

澳洲珀斯

澳洲位於南半球大洋洲，又稱澳大利亞，是全球面積第六大的國家，擁有大量自然資源。珀斯在澳洲西部，是澳洲的第四大城市，有着溫和的氣候與別緻的景色，是熱門的觀光旅遊地點。

澳洲的特有動物

吸蜜鳥

樹熊

鴨嘴獸

袋鼠

● 珀斯

澳洲土著

澳洲有小部分土著還保留着傳統文化，以狩獵、捕魚和農牧為生。

澳洲的特產

羊毛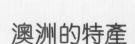

奶類製品　　蜂蜜

澳洲的海洋資源

澳洲擁有豐富的海洋資源，例如昆士蘭大堡礁是世界最大的珊瑚礁羣，珀斯寧格魯有着世界最大的岸礁，棲息着大量的魚類。

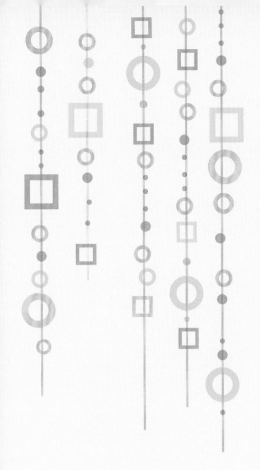

珀斯藝術節的由來

　　這個節日的正式名稱是「珀斯國際藝術節」，是南半球歷史最悠久的藝術慶典，在 1953 年由珀斯的西澳大學創辦。開始時只是西澳大學為珀斯市民舉行的表演活動，慢慢變為一年一度的國際藝術節，成為西澳最重要的文化活動。

珀斯藝術節的日期

　　每年 2 月至 3 月舉行，為期約二十多天。特別一提，這個時候是南半球的夏天呢！

珀斯藝術節的活動

珀斯藝術節是一個多元化的藝術慶典,每年都有不同的主題,包含了各式各樣的表演及文化活動,節日期間會舉辦過百場活動,數百位來自世界各地的頂尖藝術家都會前來參與。

音樂

視覺藝術

舞蹈

演唱會

電影

戲劇

歌劇

文學

每年珀斯藝術節都會有令人印象深刻的重頭節目。

2015 年，法國大型木偶劇團來到澳洲，製作了兩個高達 6 米的巨型機械木偶，在街頭上演了「珀斯奇幻巨人之旅」木偶劇，女孩木偶在市中心街道穿插，尋找她的同伴潛水員木偶。

　　2017 年珀斯藝術節的開幕節目，
便是運用光影聲效等現代科技，在國
王公園的樹木上，投射各種海陸空動
物的立體動畫影像，令觀眾走在公園
大道時，就像走進科幻動物園一般。

小朋友，你有什麼願望呢？請把你的願望寫在天燈上，並為圖畫填上顏色，你還可以發揮創意，在圖中畫上景物啊！

作者簡介

鄧子健

　　1980年生於香港，香港創意藝術會會長，香港青年藝術創作協會主席，韓國文化藝術研究會營運委員，韓中日文化協力委員會成員，香港美術教育協會會員，Brothersystem Studio 總監。

　　畢業於英國新特蘭大學平面設計系榮譽學士，香港大一藝術設計學院電腦插圖高級文憑，香港中大專業進修學院幼兒活動導師文憑。曾於韓國、新加坡、台灣、澳門及香港舉行個人畫展。

著作：《香港傳統習俗故事》（共兩冊）
　　　《香港老店「立體」遊》（共兩冊）
　　　《世界奇趣節慶》（共兩冊）

專頁：https://www.facebook.com/dragonkentanghk/